中国石油西南油气田公司

天然气生产场所 HSE 监督检查典型问题及正确做法图集

第三分册　天然气净化厂

《天然气生产场所 HSE 监督检查典型问题及正确做法图集
第三分册　天然气净化厂》编写组　编

石油工業出版社

内容提要

本书是“天然气生产场所 HSE 监督检查典型问题及正确做法图集”的第三分册，对天然气净化厂发现的 HSE 典型问题进行了汇总，从天然气净化厂生产现场、检维修现场和综合安全方面，给出正确做法及标准条款。

本书可作为天然气生产 HSE 监督人员监督检查的工作手册，是 HSE 监督人员的学习用书，同时也可为天然气生产单位系统排查问题隐患、整改完善提供指引。

图书在版编目（CIP）数据

天然气生产场所 HSE 监督检查典型问题及正确做法图集．第三分册，天然气净化厂 /《天然气生产场所 HSE 监督检查典型问题及正确做法图集　第三分册　天然气净化厂》编写组编．—北京：石油工业出版社，2021.11

ISBN 978-7-5183-4983-8

Ⅰ．①天…　Ⅱ．①天…　Ⅲ．①天然气输送－站场－监督管理－图集　②天然气净化－监督管理－图集　Ⅳ．①TE8-64

中国版本图书馆 CIP 数据核字（2021）第 224986 号

出版发行：石油工业出版社
（北京安定门外安华里 2 区 1 号　100011）
网　址：www.petropub.com
编辑部：（010）64523553
图书营销中心：（010）64523633
经　　销：全国新华书店
印　　刷：北京晨旭印刷厂

2021 年 11 月第 1 版　2021 年 11 月第 1 次印刷
889×1194 毫米　开本：1/32　印张：3.5
字数：50 千字

定价：48.00 元
（如出现印装质量问题，我社图书营销中心负责调换）

《天然气生产场所HSE监督检查典型问题及正确做法图集
第三分册　天然气净化厂》

编委会

主　任： 龚建华

副主任： 陈学锋　刘润昌　朱　愚　李　明　岑　嶺
肖启强

委　员： 杨轲舸　雍崧生　谭龙华　黄　杰　黄　健
熊　勇　张西川　申　俊　魏　东

编写组

主　编： 熊　勇

副主编： 张　伟

编写人： 王志功　吴怡良　李晓伟　李　健　高健文
杨　波　张洁莹　刘　琴　李　进　李煜东
苟列生　雍志双　刘光富　杜德飞

PREFACE

序言

HSE 管理体系将健康、安全、环境融为一体，在企业的管理目标中突出了人的健康、安全和环境保护。随着中国石油西南油气田公司规模的不断扩大，生产、施工作业工作量不断增加，HSE 监督检查方面也积累了大量的典型 HSE 问题案例。这些典型问题是在查阅相关的国家和行业标准规范、企业管理制度，以及现场风险评估分析的基础上提出的，是宝贵的现场安全管理经验和智力劳动成果结晶。

油气田生产面临的安全环保风险日益严峻，加之国家对安全环保的监管力度趋严趋紧，对从事现场安全管理和安全监督检查工作的人员提出更高的专业要求。另外安全管理和监督检查也是一项涉及知识范围广、专业面深的工作，对监督检查问题的描述在准确性、合规性方面提出了更高要求。中国石油西南油气田公司在不断提升 HSE 管理水平的同时，非常注重队伍的基础建设和员工安全意识能力提升工作，为方便广大员工快速学习和掌握监督检查相关标准规范，特组织安全生产等方面的专家，整理编写了“天然气生产场所 HSE 监督检查典型问题及正确做法图集”。

本套图书采用文字、图片搭配，清晰展现了现场问题的错误和正确做法，针对每一个问题都附有行业标准规范、管理制度要求和详细的条款说明，浅显易懂、易学易记，对 HSE 监督人员、基层管理人员、技术人员和操作人员有很好的指导作用。

本套图书内容分为集输站场、输配气站场及长输管道、天然气净化厂，以及城镇燃气、CNG、LNG 四个分册，每个分册都精选了监督检查中大量的典型问题，包含有设备、工艺、电气、仪表、消防、安防等问题和标准，这些案例都经过了各专业技术专家的讨论、筛选，力求做到精简、适用、高效。

本套图书旨在为中国石油西南油气田公司各级 HSE 监督、生产单位人员提供一本便于学习、便于对标的知识读本，从而更好地识别风险、控制风险、提升安全意识、规范安全行为、防范事故发生。

本套图书为中国石油西南油气田公司近年来 HSE 监督检查经典案例汇总，由于时间和资料有限，难免存在不足，在内容上还需进一步完善，希望广大读者结合自身实践，在阅读和使用中提出宝贵的修改意见和建议。

FOREWORD

前言

2017 年，中国石油西南油气田公司完成了《天然气生产场所 HSE 监督检查典型问题及正确做法图集　第一分册　集输站场》的编制及推广应用工作，取得了良好效果。为了进一步完善该系列图书，2019 年，组织完成了《天然气生产场所 HSE 监督检查典型问题及正确做法图集　第三分册　天然气净化厂》的编制，从天然气净化厂生产现场、检维修现场等方面，由专业部门给出正确做法及标准条款，更加凸显了图册的专业性、权威性。2021 年继续推进本书的编制和丰富完善，建立了一整套天然气净化员工识别风险和排查隐患的系统性手册。

本书共 3 章：(1) 天然气净化厂生产现场，(2) 天然气净化厂检维修现场，(3) 综合安全，涵盖全业务流程的风险识别和排查隐患，可作为监督人员监督检查的工作手册，提升监督人员素质和能力，同时也可为各单位系统排查问题隐患、举一反三自我纠正整改和完善提供指引。

编者

2021 年 10 月

CONTENTS

目录

1

天然气净化厂生产现场

1.1 目视化

问题描述：紧急停车按钮未标注控制对象。

错误做法

正确做法

标准条款

《西南油气田分公司安全目视化管理规定》(西南司质〔2009〕148号)第十九条规定：“……厂房或控制室内用于照明、通风、报警等的电气按钮、开关都应标注控制对象。”

问题描述： 噪声场所未悬挂噪声职业危害告知卡。

错误做法

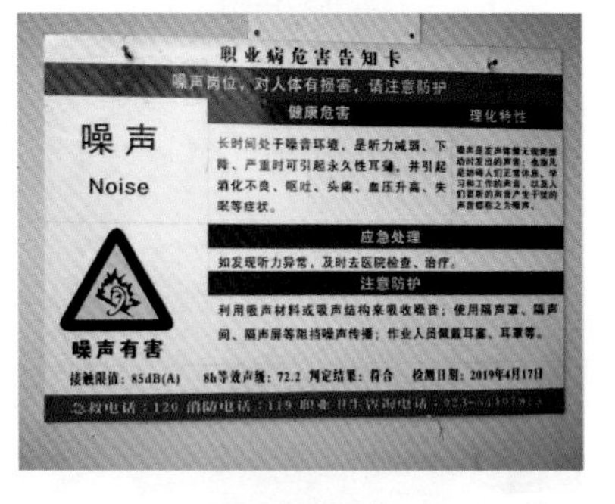

正确做法

标准条款

《西南油气田分公司安全目视化管理规定》（西南司质〔2009〕148 号）第二十九条规定：“……职业危害及风险点源分布图、入场安全须知牌，在生产区域或敏感部位悬挂各类安全警示标志和职业危害警示标志。”

问题描述：危险化学品储存场所未设置危险化学品技术说明书标牌。

错误做法

正确做法

标准条款

《西南油气田分公司安全目视化管理规定》(西南司质〔2009〕148号)第二十一条规定：“盛装危险化学品的器具应分类摆放，并设置标牌，标牌内容应参照危险化学品技术说明书确定，包括化学品名称、主要危害及安全注意事项。”

问题描述：动设备转动部位无警示信息。

错误做法

正确做法

标准条款

《西南油气田分公司安全目视化管理规定》（西南司质〔2009〕148 号）第十七条规定：“各单位应在设备设施的明显部位标注名称及编号，对有危险的设备设施应有警示信息。对因误操作可能造成严重危害的设备设施，应在其旁设置有安全操作注意事项的标牌。”

问题描述：气瓶外表涂色脱落。

错误做法

正确做法

标准条款

《西南油气田分公司安全目视化管理规定》(西南司质〔2009〕148号)第十四条规定：“压缩气瓶的外表面涂色及有关警示标签应符合国家或行业有关标准的要求。”

 **问题描述**：取样口无警示信息。

错误做法

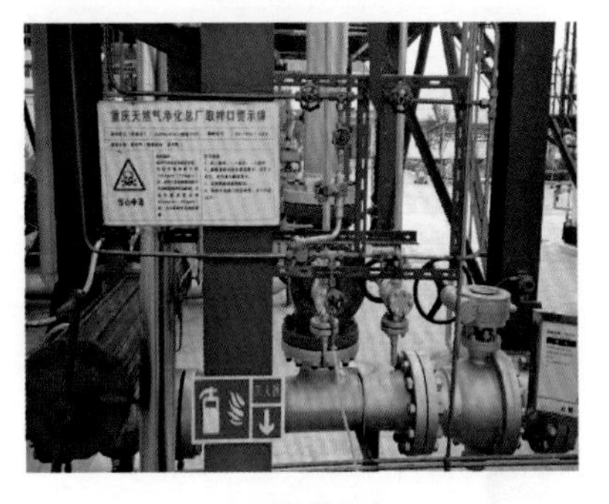

正确做法

标准条款

《西南油气田分公司安全目视化管理规定》(西南司质〔2009〕148 号)第十七条规定:“各单位应在设备设施的明显部位标注名称及编号，对有危险的设备设施应有警示信息。”

1.2 生产运行

问题描述：备用空气呼吸器压力低于使用规定值。

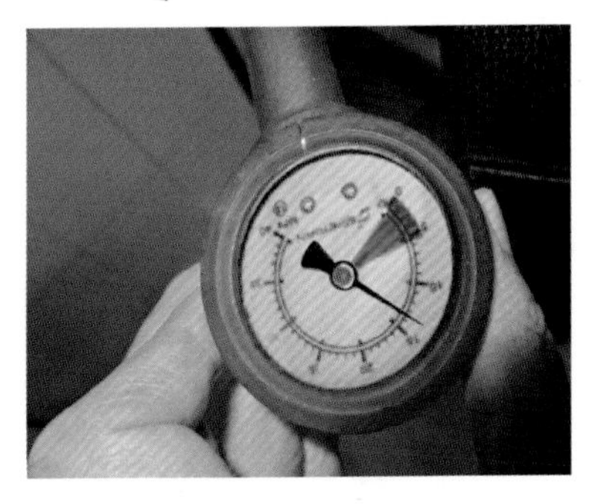

错误做法

正确做法

标准条款

《个人防护设备配备与使用要求》（西南司质〔2016〕35号）第九条规定："备用正压式空气呼吸器压力应保持在25MPa以上。"

 **问题描述：** 防爆应急灯缺电。

错误做法

正确做法

标准条款

《西南油气田分公司突发事件应急物资储备管理办法》（安全〔2010〕659 号）第二十七条规定：“存储单位应定期对应急物资储备状况进行检查，并根据检查情况制订维护保养方案，确保应急物资完好备用。”

1.3 工艺、设备及管道

问题描述：工艺操作相关人员未将操作卡带至现场逐项签字确认。

错误做法

正确做法

标准条款

《勘探与生产分公司关于规范基层站队 HSE 作业指导书和岗位 HSE 作业指导书和岗位操作卡的指导意见》第十四条规定："一般操作的操作人员携带一般操作卡到现场按照操作卡的要求与步骤，逐项完成操作，签字确认……"

 **问题描述：**硫黄回收装置投入运行后，联锁未投用。

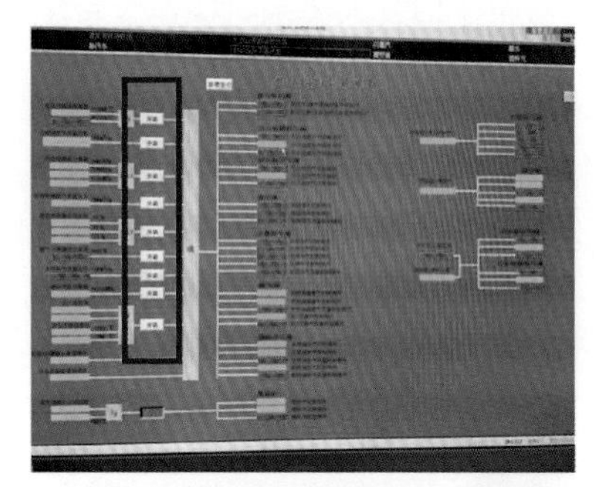

错误做法

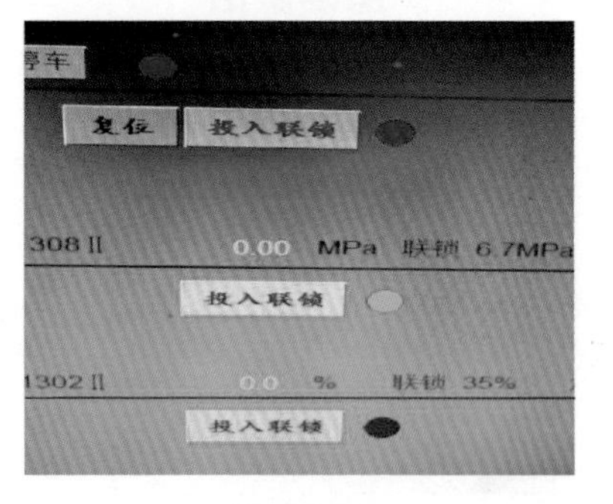

正确做法

标准条款

《中华人民共和国安全生产法》第三十六条规定：“生产经营单位不得关闭、破坏直接关系生产安全的监控、报警、防护、救生设备设施。”

问题描述： 液位报警信息未及时至现场确认、处置。

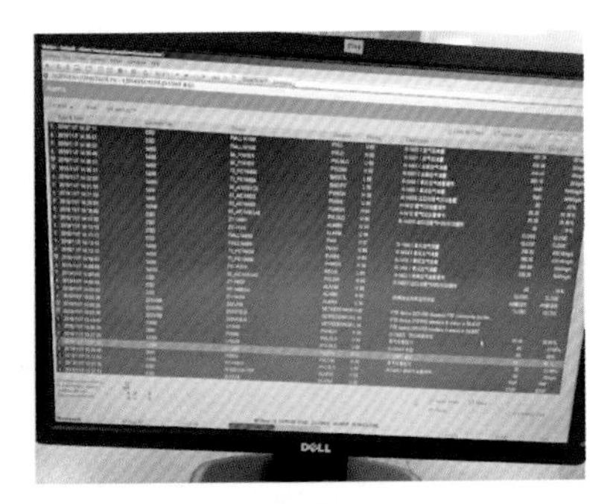

错误做法

正确做法

标准条款

《中石油仪表及自动控制设备管理制度》第二十六条规定：“（三）系统运行时如发现异常或故障，维护人员应及时进行处理，并对故障现象、原因、处理方法及结果做好记录。”

 **问题描述：** 正常生产情况下脱硫吸收塔液位调节未投入自动运行。

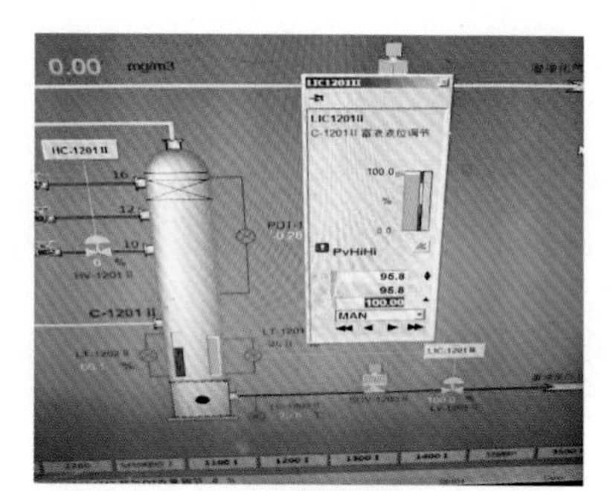

错误做法

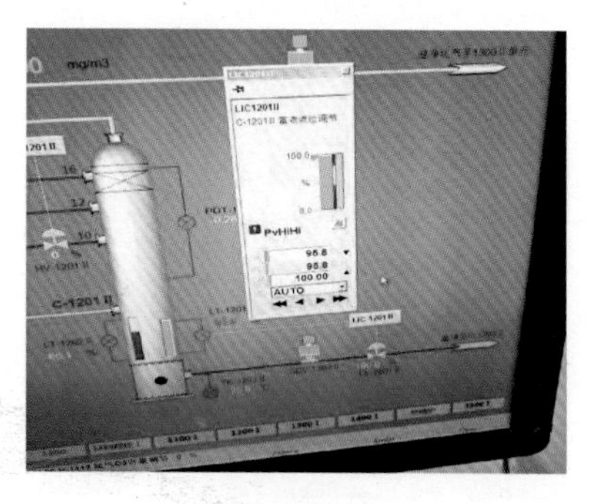

正确做法

标准条款

《西南油气田分公司危险化学品安全管理实施细则》附件 1 第五条规定：“（二）定期开展生产装置、场所的各类设备、报警和联锁保护系统等安全设施维护、维修、检测，保持完好和安全可靠。”

问题描述：放空单元水封未定期补水。

错误做法

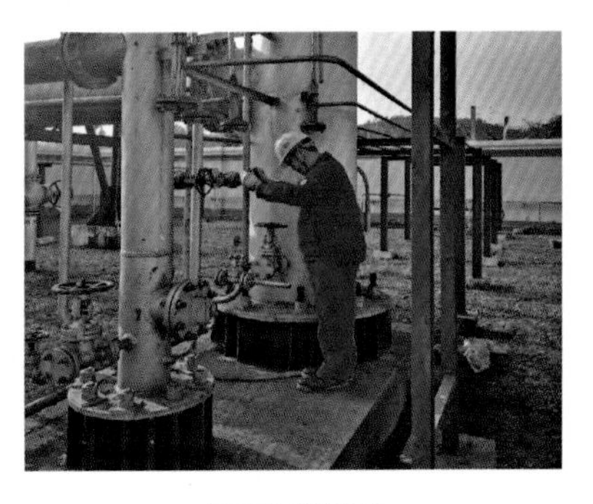

正确做法

标准条款

《西南油气田分公司危险化学品安全管理实施细则》附件 1 第五条规定：“定期开展安全泄放系统、放空火炬系统、水封系统、事故吸收系统检查，确保生产装置正常排放和事故排放的可燃物或有毒物应经过回收、燃烧或中和处理，严禁直接排放。”

问题描述：带压设备的密封部位未定期检漏。

错误做法

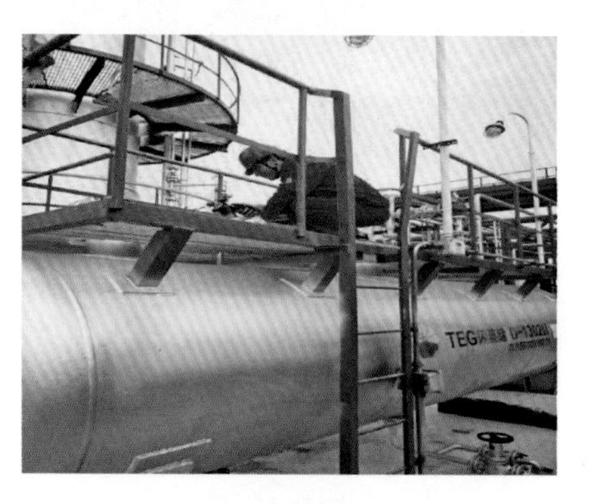

正确做法

标准条款

《西南油气田分公司预防硫化氢中毒安全管理规定》附件 3 第二条规定：“加强设备维护管理，定期开展密封面泄漏检查，严防跑、冒、滴、漏。”

**问题描述：**螺栓螺纹欠扣。

错误做法

正确做法

标准条款

《石油化工金属管道工程施工质量验收规范》(GB 50517—2010)第 8.1.10 条规定："法兰连接螺栓安装方向应一致，螺栓紧固后应与法兰紧贴。需加垫圈时，每个螺栓不应超过一个。紧固后的螺栓与螺母宜齐平或露出 1~2 个螺距。"

 **问题描述：** 再热炉视窗被油漆覆盖，无法观察炉内火焰燃烧状况。

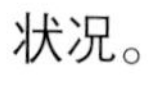

错误做法

正确做法

标准条款

《石油化工设备完好标准》(SHS 01001—2004) 第 1.3.3 条规定："b. 压力、温度、流量仪表应定期校验，灵敏准确；看火孔、防爆门、人孔门、消防线、紧急放空与防雷接地等安全措施齐全可靠。"

问题描述：保温管线未设置可拆卸式测厚孔盖。

错误做法

正确做法

标准条款

《西南油气田分公司天然气净化厂设备及管线定点测厚》第七条规定："……有保温层的设备及管道，安装可拆卸式保温盖。"

 **问题描述：** 重力分离器定点测厚部位未设置测厚标识。

错误做法

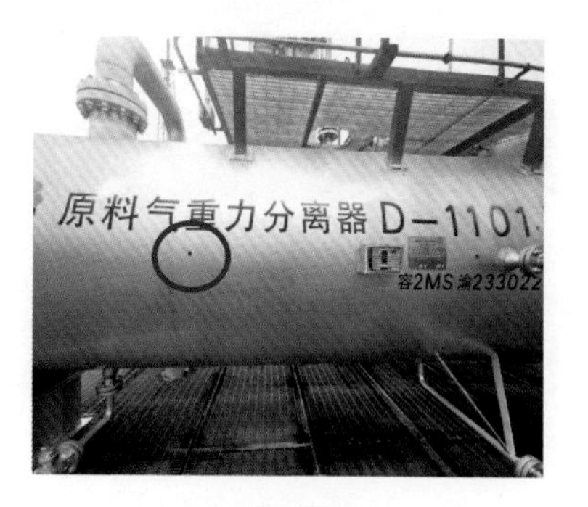

正确做法

标准条款

《西南油气田分公司天然气净化厂设备及管线定点测厚》第七条规定：“现场测厚点用直径 10mm～20mm 红色圆点标识……”

问题描述：管线弯头处测厚点未设置在冲刷最严重的部位。

错误做法

正确做法

标准条款

《中石油设备及管道定点测厚指导意见》第四条规定：“测厚点的选取应优先考虑下列部位：一、管道腐蚀冲刷严重的部位：弯头、大小头、三通及喷嘴、阀门、调节阀、减压阀、孔板附近的管段等。”

 **问题描述：** 阀门手轮缺失。

错误做法

正确做法

标准条款

《阀门检验与安装规范》（SY/T 4102—2013）第 7.0.1 条第 5 款规定：“阀门手轮、铭牌应齐全。”

 **问题描述**：法兰螺栓连接不完整。

错误做法

正确做法

标准条款

《西南油气田分公司生产作业场所安全管理规定》第九条规定：“各种生产设施、设备及附件应安全可靠，符合有关设备管理规定。”

问题描述： 1.2m 以上平台无护栏。

错误做法

正确做法

标准条款

《固定式钢梯及平台安全要求 第 3 部分：工业防护栏杆及钢平台》(GB 4053.3—2009) 第 4.1.1 条规定：“距下方相邻地板 1.2m 及以上的平台、通道或工作面的所有敞开边缘应设置防护栏。”

问题描述：护栏无中间栏杆。

错误做法

正确做法

标准条款

《固定式钢梯及平台安全要求　第3部分：工业防护栏杆及钢平台》（GB 4053.3—2009）第5.4.1条规定：“在扶手和踢脚板之间应至少设置一道中间栏杆。”第5.4.2条规定：“中间栏杆宜采用不小于25mm×4mm扁钢或直径16mm的圆钢。中间栏杆与上、下方构件的空隙间距应不大于500mm。”

问题描述： 钢爬梯无安全护笼。

错误做法

正确做法

标准条款

《固定式钢梯及平台安全要求 第 1 部分：钢直梯》(GB 4053.1—2009) 第 5.3.2 条规定：“梯段高度大于 3m 时宜设置安全护笼，当攀登高度小于 7m，但梯子顶部在地面、地板或屋顶之上高度大于 7m 时，也应设置安全护笼。”

 **问题描述**：除尘器及通风通道内未定期清理。

错误做法

正确做法

标准条款

《粉尘爆炸危险场所用收尘器防爆导则》(GB/T 17919—2008)第 4.2.3 条规定："应根据收尘器类型、清灰方式、过滤风速、粉尘物性等因素确定合理的清灰周期。"

 **问题描述：** 硫黄成型单元造粒机的除尘设施故障。

错误做法

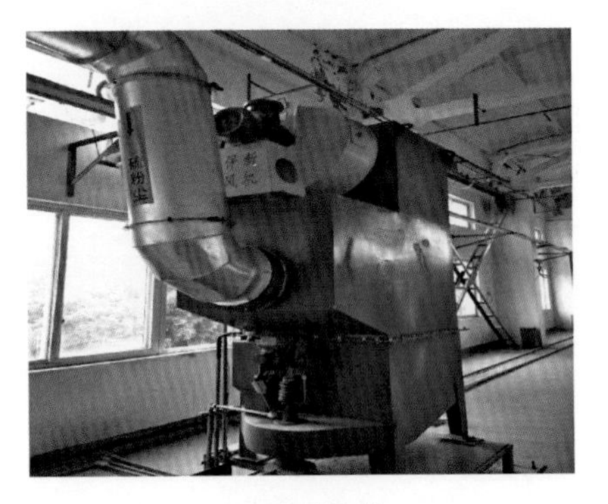

正确做法

标准条款

《西南油气田分公司生产作业场所安全管理规定》第十三条规定：“生产作业场所所配备的各种安全设施、设备及检测仪器应当定期进行维护、保养、检测，保证良好的技术状态。”

问题描述：蒸汽锅炉安全阀泄放管口正对平台爬梯出口，未直通至安全地点。

错误做法

正确做法

标准条款

《锅炉安装施工及验收规范》（GB 50273—2009）第6.3.2条第3款规定：“蒸汽锅炉安全阀必须铅垂安装，其排汽管管径与安全阀排出口径一致，其管路应畅通，并直通至安全地点。”

 **问题描述：**装置区安全阀前后截断阀未加铅封。

错误做法

正确做法

标准条款

《安全阀安全技术监察规程》(TSG ZF001—2006) 附件 B 第 4.2 条规定：“安全阀的进出口管道一般不允许设置截断阀，必须设置截断阀时，需要加铅封，并且保证锁定在全开状态。”

 **问题描述**：离心泵油杯无润滑油。

错误做法

正确做法

标准条款

《离心泵维护检修规程》（SHS 01013—2004）第 4.2.4 条规定："保持运转平稳，无杂音，封油、冷却水和润滑油系统工作正常，泵及附属管路无泄漏。"

**问题描述：**机泵油帽缺失。

错误做法

正确做法

标准条款

《离心泵维护检修规程》(SHS 01013—2004）第 4.1.4 条规定：“润滑油、封油、冷却水等系统正常，零附件齐全好用。”

 **问题描述**：泵的转动部位安全防护罩未起到保护作用。

错误做法

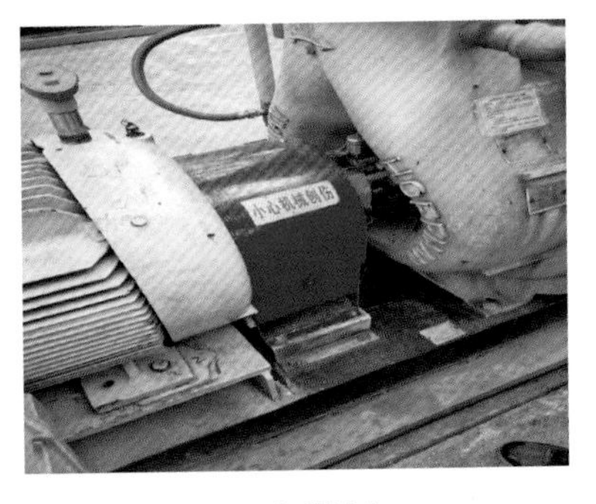

正确做法

标准条款

《陆上油气田油气集输安全规程》(SY/T 6320—2016) 第 3.3.6 条规定：“机电设备转动部位应有防护罩，并安装可靠。”

 **问题描述：** 安全阀上未悬挂检定标牌。

错误做法

正确做法

标准条款

《安全阀安全技术监察规程》（TSG ZF001—2006）第 E4 条规定：“（3）铅封处还必须挂有标牌，标牌上有检验机构名称及代号，校验编号，安装的设备编号，整定压力和下次校验日期。”

1.4 仪表自控

问题描述：操作人员违规屏蔽声、光报警信号。

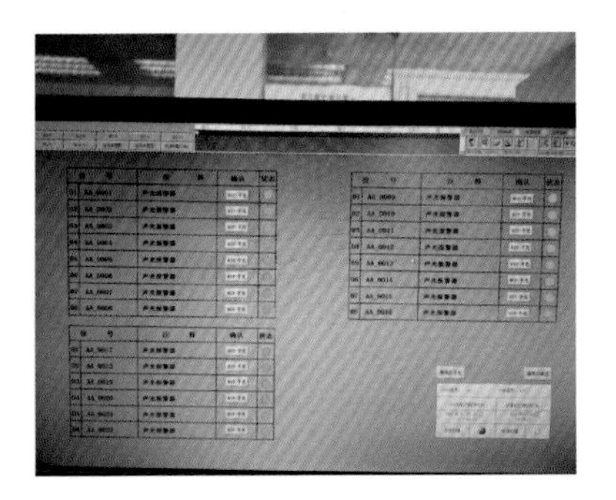

错误做法

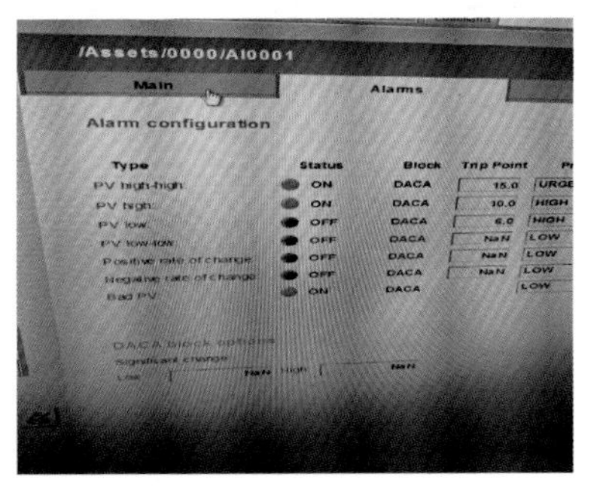

正确做法

标准条款

《西南油气田分公司天然气净化厂过程控制及安全保护系统管理办法》第八条规定："过程控制及安全保护系统的声、光报警信号，不允许随意切断。"

问题描述： 仪表接地脱落。

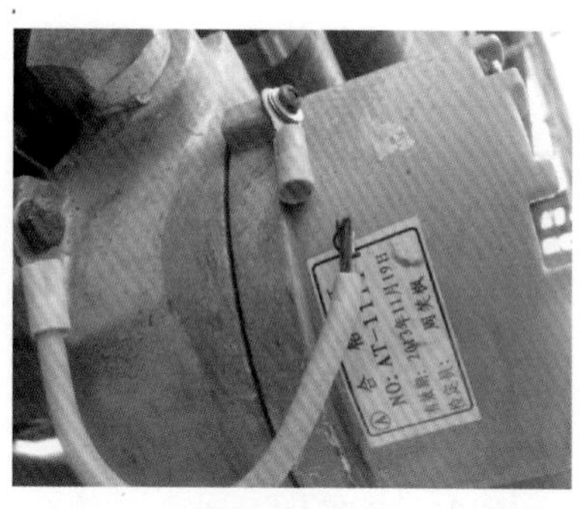

错误做法

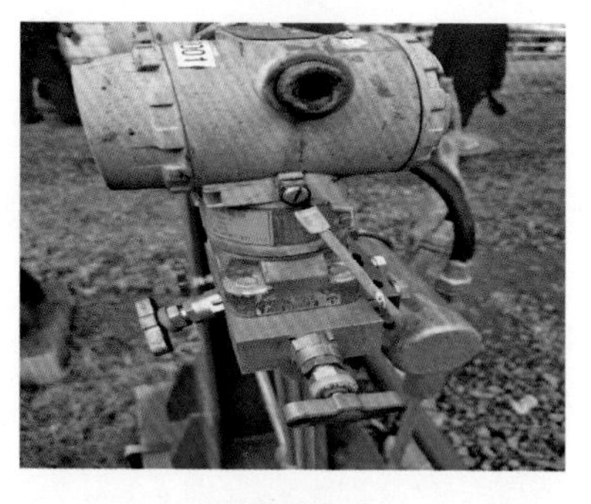

正确做法

标准条款

《仪表系统接地设计规范》(HG/T 20513—2014) 第 6.3.3 条规定："接地系统的各种连接应保证良好的导电性能。接地连线、接地分干线、接地总干线与接地汇流排、接地汇总板的连接应采用铜接线片和镀锌钢制螺栓，并采用防松和防滑脱件，以保证连接的牢固可靠，或采用焊接。"

问题描述： 显示仪表安装位置不便于观察示值。

错误做法

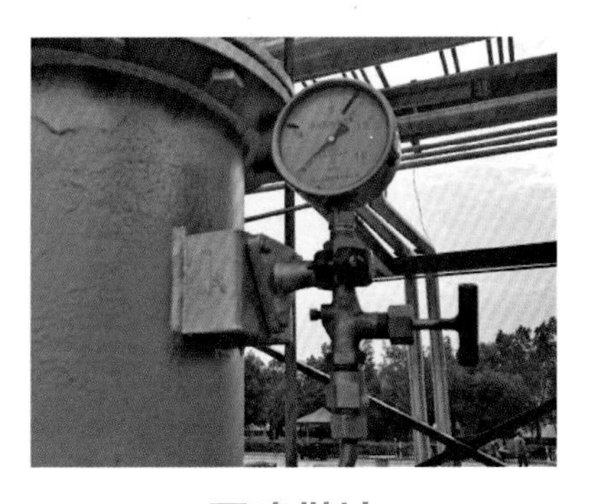

正确做法

标准条款

《自动化仪表工程施工及质量验收规范》(GB 50093—2013) 第 6.1.1 条规定：“显示仪表应安装在便于观察示值的位置。”

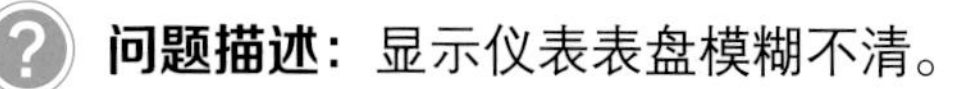

问题描述： 显示仪表表盘模糊不清。

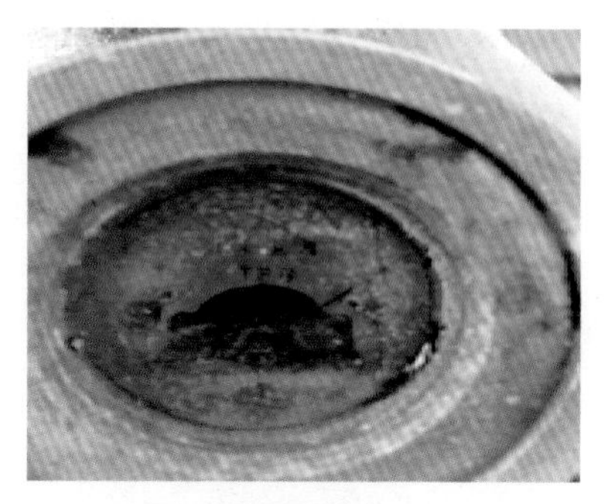

错误做法

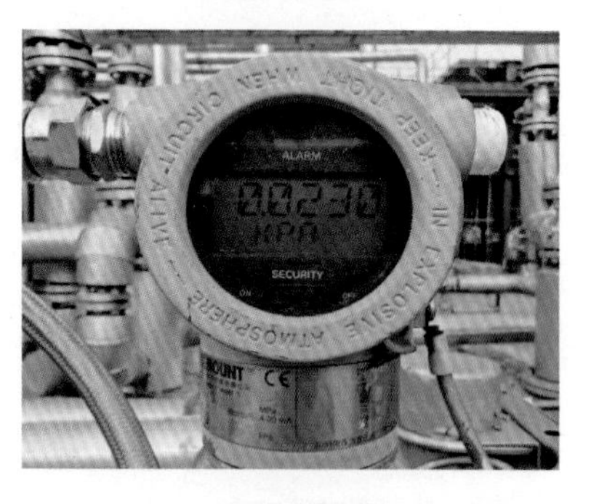

正确做法

标准条款

《抗（耐）震压力表校准方法》（SY/T 6817—2010）第3.1.2条规定：“压力表的表盘分度数字及符号应完整清晰，表盘分度标尺应均匀分布。”

1.5 能量隔离

问题描述： 溶液储罐至低位罐阀门未锁定。

错误做法

正确做法

标准条款

《上锁挂牌管理规范》（Q/SY 08421—2020）第 5.1.1 条规定：“在作业时，为避免设备设施或系统区域内蓄积危险能量或物料的意外释放，对所有危险能量和物料的隔离设施均应上锁挂牌。”

 **问题描述**：检维修作业过程中电气隔离未执行“双锁”。

错误做法

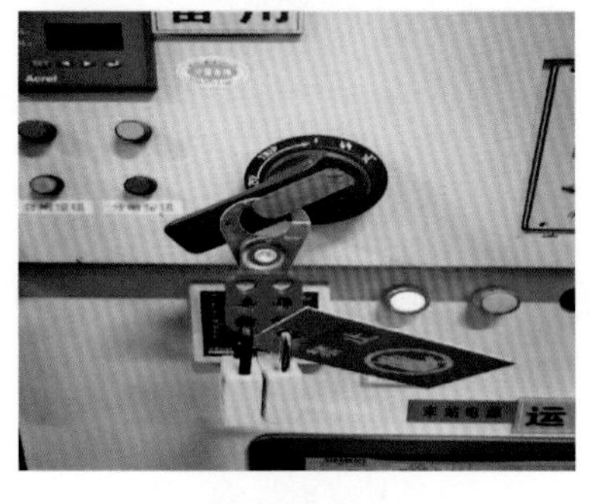

正确做法

标准条款

《西南油气田公司作业许可管理规定》第十八条规定：“隔离完毕后由作业人员、属地人员分别上锁，做到‘双锁’锁定。”

 **问题描述：** 机泵维修作业未办理电气隔离审批单。

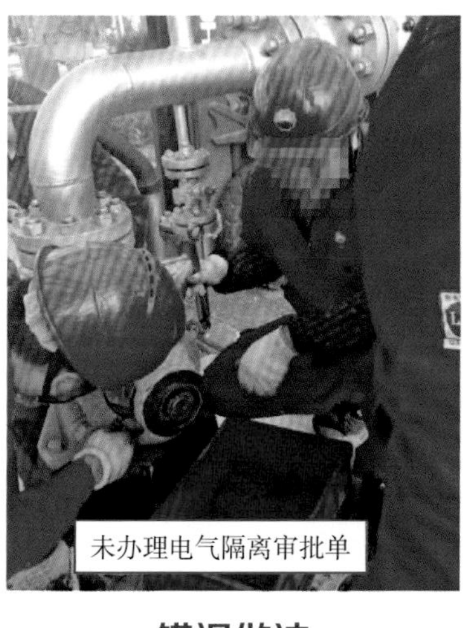

错误做法

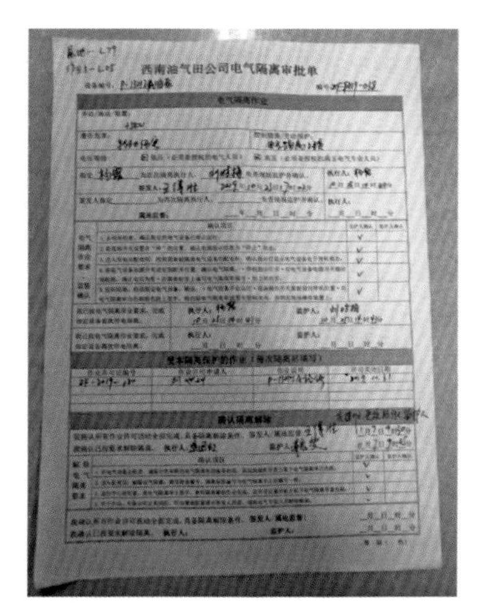
西南油气田公司电气隔离审批单

正确做法

标准条款

《西南油气田公司能量隔离安全管理规范》第七条规定："隔离技术要求作业前，应根据辨识出的危险能量和物料及可能产生的危害，编制隔离方案，隔离方案应明确隔离方式、隔离点、隔离实施及解除的操作步骤、隔离有效性的检测、作业区域警戒设置要求等内容。"

2

天然气净化厂检维修现场

2.1 天然气净化厂检修规范

问题描述：停产到检修界面确认表未签字确认。

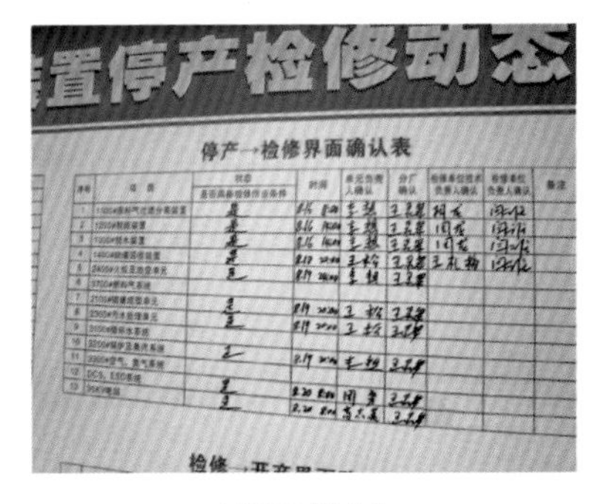

错误做法

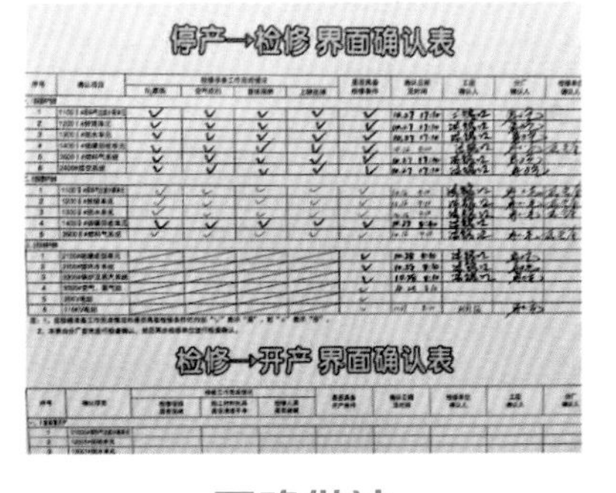

正确做法

标准条款

《西南油气田分公司天然气净化厂检维修受控管理做法（试行）》第三条规定："生产交付检修界面的受控管理核心是指净化装置具备安全检修作业条件的确认。"

问题描述： 属地单位未组织对施工机具进行检查验收。

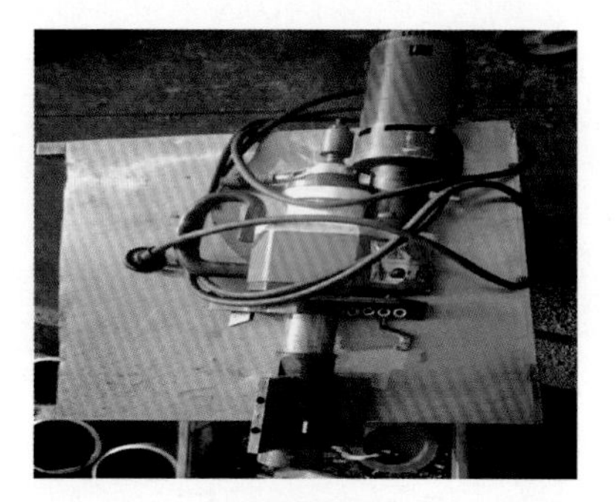

错误做法

正确做法

标准条款

《天然气处理厂检修现场管理规范》(Q/SY XN 0395—2013）第 4.4 条规定：“属地单位组织对入场施工机具数量、质量进行检查确认，并张贴检验单。”

问题描述： 脚手架未标明是否处于完好可用、限制使用或禁用状态。

错误做法

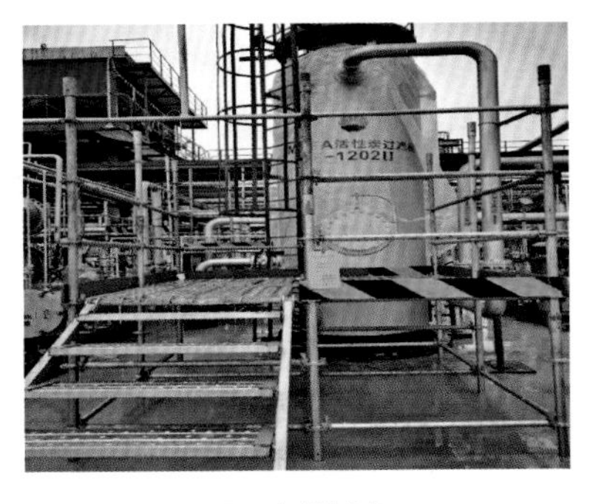

正确做法

标准条款

《西南油气田分公司安全目视化管理规定》(西南司质〔2009〕148号)第十五条规定：“施工单位在安装、使用和拆除脚手架的作业过程中，应使用标牌标明脚手架是否处于完好可用、限制使用或禁用状态，限制使用时应注明限制使用条件。”

2.2 风险作业

问题描述： 动火点距氧气瓶距离仅有 4m。

错误做法

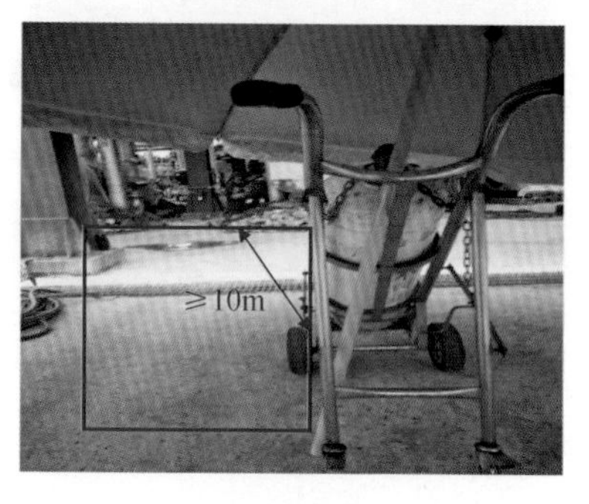

正确做法

标准条款

《西南油气田分公司工业动火作业安全管理规定》第二十条规定：“使用气焊割动火作业时，氧气与乙炔气瓶间距不小于 5m，二者与动火作业地点均不小于 10m。”

问题描述：气瓶使用完毕后未佩戴瓶帽。

错误做法

正确做法

标准条款

《气瓶使用安全管理规范》(Q/SY 1365—2011)第4.3.13条规定："气瓶使用完毕后应关闭阀门，释放减压器压力，并佩戴好瓶帽。"

 **问题描述：**现场使用的焊条未放入保温桶。

错误做法

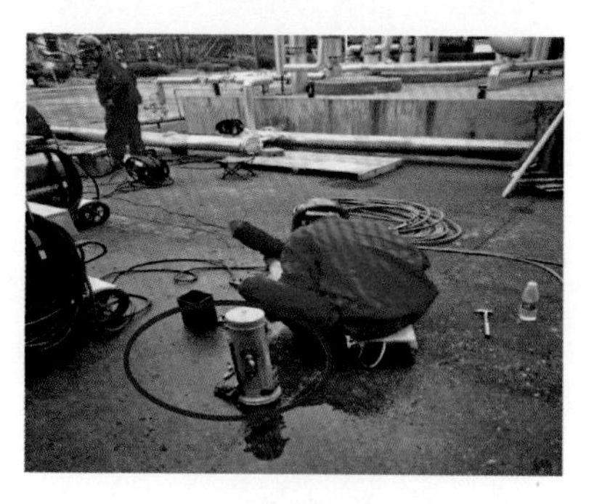

正确做法

标准条款

《现场设备、工业管道焊接工程施工规范》（GB 50236—2011）第 4.0.5 条规定：“施工现场应建立焊接材料的保管、烘干、清洗、发放、使用和回收制度。”

问题描述：受限空间入口处未悬挂安全警示牌。

错误做法

正确做法

标准条款

《西南油气田公司进入受限空间作业安全管理规定》第十一条规定："无需工具、钥匙就可进入或无实物障碍阻挡进入的受限空间，应设置固定的警示标识。所有警示标识应包括提醒有危险存在和须经授权才允许进入的词语。"

问题描述：进入受限空间作业未填写“进出受限空间作业登记表”。

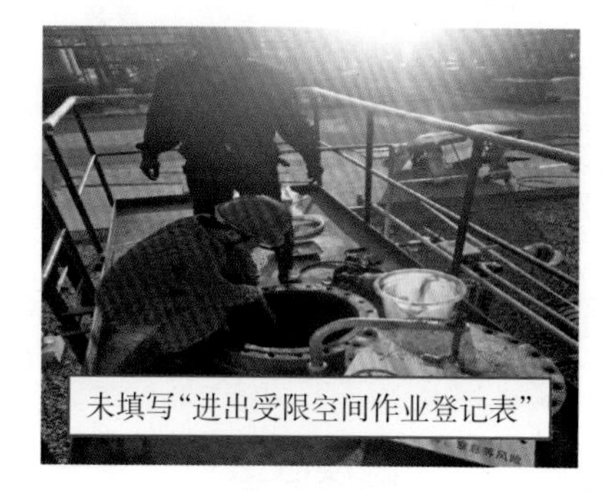

错误做法

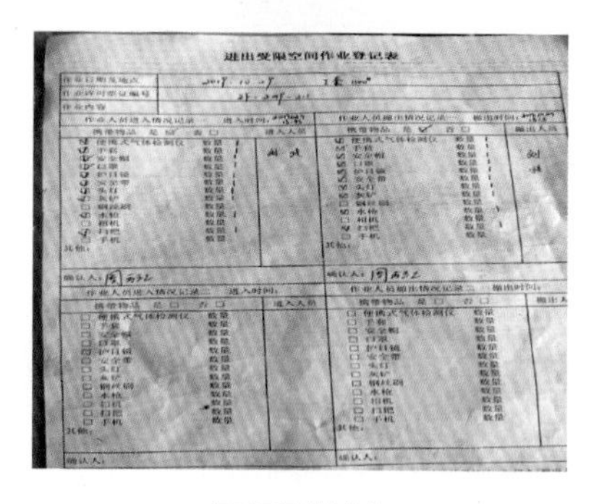

进出受限空间作业登记表

正确做法

标准条款

《西南油气田分公司进入受限空间作业安全管理规定》第二十三条规定：“应对进出受限空间的作业人员、工具、材料进行登记，作业结束后应清点，以防遗留在作业现场。”

问题描述：进入受限空间作业前未开展应急演练。

错误做法

正确做法

标准条款

《西南油气田分公司进入受限空间作业安全管理规定》第二十八条规定："每次进入受限空间作业前，应制订书面应急预案，并开展应急演练，所有相关人员都应熟悉应急预案。"

 **问题描述：** 员工持物爬梯。

错误做法

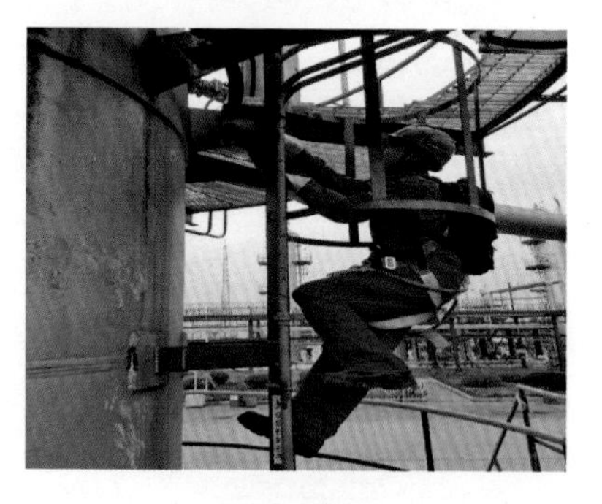

正确做法

标准条款

《西南油气田分公司高处作业安全管理规定》第十一条规定："其他安全要求：（四）高处作业禁止投掷工具、材料和杂物等，工具应采取防坠落措施，作业人员上下时手中不得持物。所用材料应堆放平稳，不妨碍通行和装卸。"

问题描述：吊钩的防脱落装置缺失。

错误做法

正确做法

标准条款

《西南油气田公司移动式起重吊装作业安全管理规定》第八条规定："起重司机每天工作前应对控制装置、吊钩、钢丝绳（包括端部的固定连接、平衡滑轮等）和安全装置进行检查，发现异常时，应在操作前排除。"

 **问题描述：** 两台吊车吊装作业时，未编制关键性吊装作业计划。

错误做法

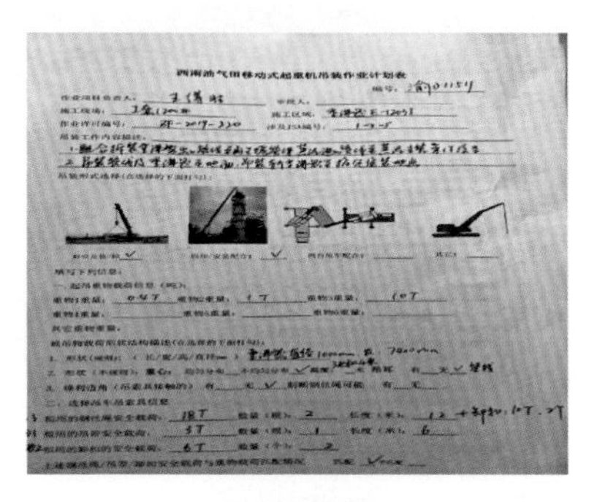
西南油气田移动式起重机吊装作业计划表

正确做法

标准条款

《西南油气田公司移动式起重吊装作业安全管理规定》第七条规定：“货物需要一台以上的起重机联合起吊的关键性吊装作业应制订关键性吊装计划。”

 **问题描述：**作业人员在吊物下施工作业。

错误做法

正确做法

标准条款

《西南油气田分公司吊装作业安全管理规定》第十二条规定："任何人员不得在悬挂的货物下工作、站立、行走，不得随同货物或起重机械升降。"

 **问题描述：** 货物处于悬吊状态时，司机离开操作室。

错误做法

正确做法

标准条款

《西南油气田分公司吊装作业安全管理规定》第十六条规定：“（十三）货物处于悬吊状态时，司机不得离开操作室。”

 **问题描述**：起重司机操作室内未配备灭火器。

错误做法

正确做法

标准条款

《移动式起重机吊装作业安全管理规范》（Q/SY 08248—2016）第 5.4.2.2 条规定：“起重操作室和驾驶室中应配备灭火器。”

 **问题描述**：临时配电箱未上锁，可随意打开。

错误做法

正确做法

标准条款

《施工现场临时用电安全技术规范》(JGJ 46—2005) 第 8.3.2 条规定：“配电箱、开关箱门应配锁，由专人负责。”

问题描述：临时用电电缆绝缘层破损。

错误做法

正确做法

标准条款

《西南油气田分公司临时用电安全管理规定》第十五条规定："临时用电必须使用耐压等级不低于500V的绝缘电缆，且绝缘良好无损。"

 **问题描述：** 脚手架管材和扣件浸泡在水中。

错误做法

正确做法

标准条款

《脚手架作业安全管理规范》(Q/SY 08246—2018）第 5.6.3 条规定：“应妥善保管脚手架部件，存放在干燥、无腐蚀的地方。”

问题描述：脚手架上堆放有活动部件。

错误做法

正确做法

标准条款

《脚手架作业安全管理规范》(Q/SY 08246—2018)第5.4.2条规定："脚手架上不得放置任何活动部件，如扣件、活动钢管、钢筋、工器具等。"

问题描述： 动火作业前未开展可燃气体浓度检测。

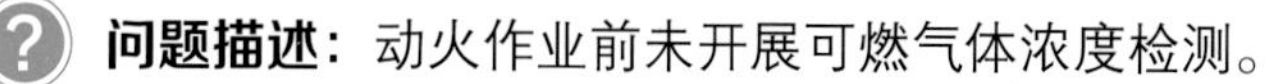

错误做法

正确做法

标准条款

《西南油气田分公司工业动火作业安全管理规定》第二十三条规定：“3. 动火施工作业前，应对动火点及操作区域空气中可燃气体浓度进行检测。”

问题描述：高处作业人员未佩戴安全带。

错误做法

正确做法

标准条款

《西南油气田分公司高处作业管理规定》第十八条规定："如不能完全消除和预防坠落危害，应评估工作场所和作业过程危害，选择安装使用坠落保护设备，如安全带、系索、缓冲器、抓绳器、生命线、锚固点、安全网等。"

3

综合安全

3.1 安防设备设施及硫化氢防护

问题描述：使用的安全帽是三无产品。

错误做法

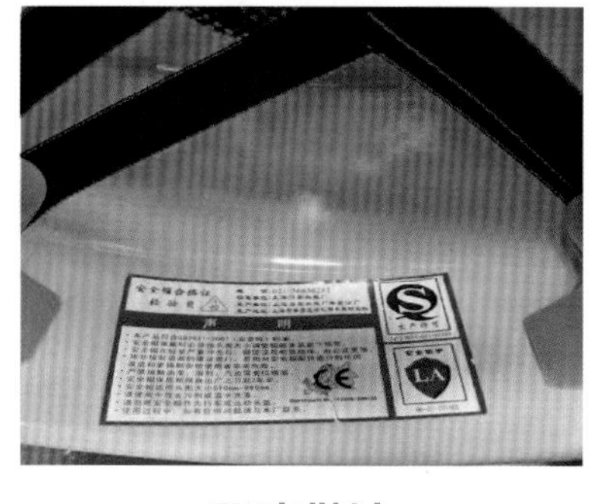

正确做法

标准条款

《西南油气田分公司工程技术服务承包商健康安全环境管理办法》第十五条规定：“承包商应具备 HSE 生产管理基本条件之一：具备相关工程技术服务的相关安全环保施工机具、防护设备及个人劳动防护用品、器具。”

 **问题描述**：女员工巡检动设备区域未将头发盘入安全帽。

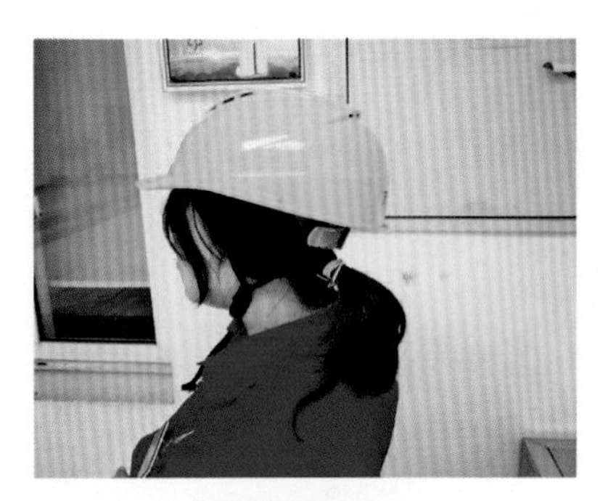

错误做法

正确做法

标准条款

《西南油气田分公司个人劳动防护用品管理规定》第二十七条规定：“各单位要加强对员工正确穿（佩）戴和使用劳动保护用品的培训和教育，员工上岗工作时必须正确穿（佩）戴或使用劳动防护用品。”

 **问题描述：**作业人员未系下颏带。

错误做法

正确做法

标准条款

《头部防护安全帽》(GB 2811—2019）第7.3条规定：“a）警示：使用安全帽时应根据头围大小调节帽箍或下颏带，以保证佩戴牢固，不会意外偏移或滑落。”

问题描述：固定式可燃气体报警仪故障。

错误做法

正确做法

标准条款

《西南油气田分公司安全防护器材管理规定》第二十条规定："各级生产经营单位组织对本单位安全防护器材进行定期检查、校验和检定，对存在问题的安全防护器材及时安排维修和更新。"

 **问题描述**：空气压缩机未定期更换滤芯。

错误做法

正确做法

标准条款

《西南油气田分公司安全防护器材管理规定》第四十一条规定：“空气呼吸器充气压缩机应每周启动运行检查一次，每年维护保养一次，三年全面检测维修一次，并按照设备使用说明书要求定期检查校验压力表、安全阀，定期检查更换滤芯、机油、皮带等。”

 **问题描述：** 二氧化氯投加点未设置洗眼器。

错误做法

正确做法

标准条款

《化工企业安全卫生设计规定》（HG 20571—2014）第 5.6.5 条规定：“具有化学灼伤危险的作业场所，应设计洗眼器、淋洗器等安全措施，并在装置区安全位置设置救护箱。工作人员配备必要的个人防护用品。”

 **问题描述：**现场洗眼器无水。

错误做法

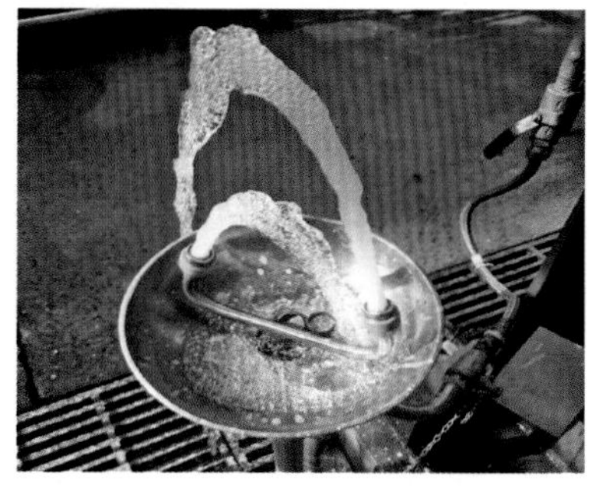

正确做法

标准条款

《西南油气田分公司生产作业场所安全管理规定》第十三条规定：“生产作业场所配备的各种安全设施、设备及检测仪器应当定期进行维护、保养、检测，保证良好的技术状态。”

3.2 消防安全管理

问题描述： 消防栓无法开启。

错误做法

正确做法

标准条款

《中国西南油气田分公司消防安全管理办法》第三十九条规定：“分公司及所属单位应建立消防设施、器材管理制度和台账，按技术标准定期组织消防设施、器材的检查、测试，并完善相关记录，确保消防设施、装备和器材的完好。”

 **问题描述：**消防栓未配备消防水带箱。

错误做法

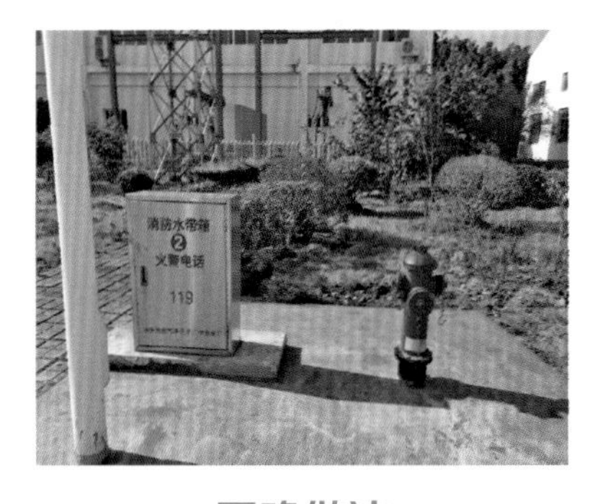

正确做法

标准条款

《石油天然气工程设计防火规范》(GB 50183—2004)第8.3.5条规定："给水枪供水时，消火栓旁应设水带箱，箱内应配备2～6盘直径65mm、每盘长度20m的带快速接口的水带和2支入口直径65mm、喷嘴直径19mm水枪及一把消火栓钥匙。水带箱距消火栓不宜大于5m。"

 **问题描述：** 灭火器使用后未及时补充。

错误做法

正确做法

标准条款

《中国西南油气田分公司消防安全管理办法》第 5.2 条规定：“按照国家标准、行业配置标准配置消防设施、器材，设置消防安全标志，并定期组织检验、维修，确保完好。”

 **问题描述**：干粉灭火器压力不足，指针指向红色区域。

错误做法

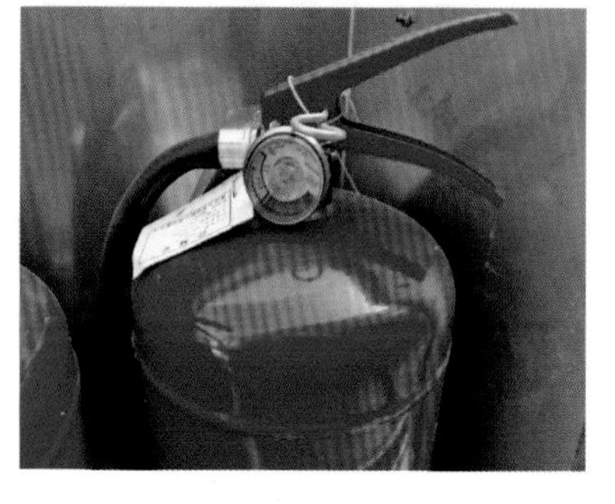

正确做法

标准条款

《建筑灭火器配置验收及检查规范》（GB 50444—2008）第 2.2.1 条规定：“6. 灭火器压力指示器的指针应在绿区范围内。”

 **问题描述：** 推车式干粉灭火器无合格证。

错误做法

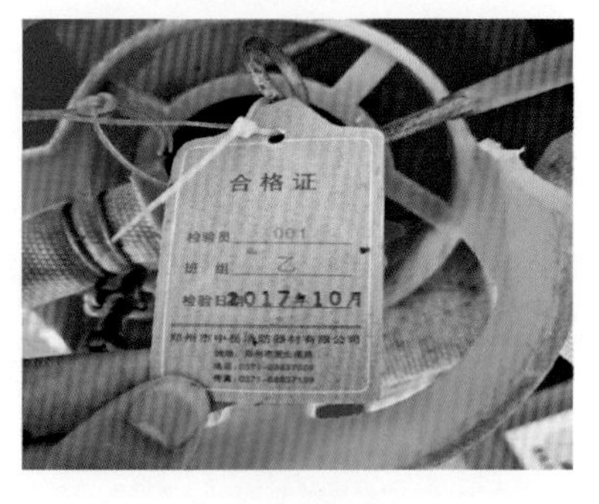

正确做法

标准条款

《建筑灭火器配置验收及检查规范》(GB 50444—2008) 第 2.2.1 条规定：“1. 灭火器应符合市场准入的规定，并应有出厂合格证和相关证书。”

问题描述：消防水带箱内缺消防水带和消防栓扳手。

错误做法

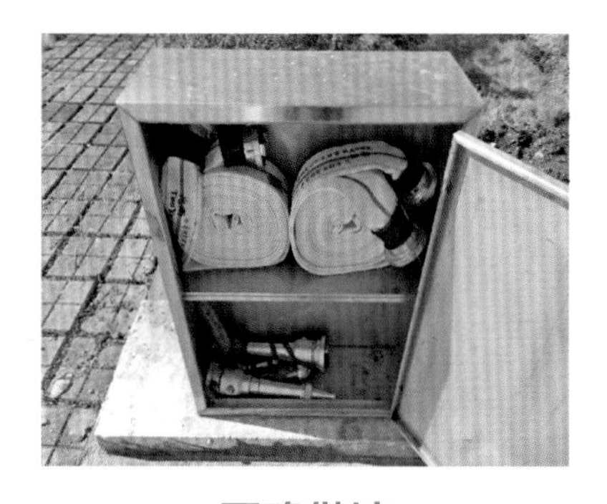

正确做法

标准条款

《石油天然气工程设计防火规范》(GB 50183—2004)第 8.3.5 条规定："给水枪供水时，消火栓旁应设水带箱，箱内应配备 2～65 盘直径 65mm、每盘长度 20m 的带快速接口的水带和 2 支入口直径 65mm、喷嘴直径 19mm 水枪及一把消火栓钥匙。水带箱距消火栓不宜大于 5m。"

 **问题描述：** 固定消防炮射流控制开关处于卡死状态，不能灵活调节射流形式。

错误做法

正确做法

标准条款

《消防炮》(GB 19156—2019) 第 5.3.2 条规定：“消防炮的水平回转机构、俯仰回转机构、直流喷雾转换机构、各控制手柄（轮）应操作灵活，传动机构安全可靠。消防炮的俯仰回转机构应具有自锁功能或锁紧装置。”

 **问题描述：**临时高压消防给水系统未采取防止消防水泵低流量空转过热的技术措施。

错误做法

正确做法

标准条款

《消防给水及消火栓系统技术规范》（GB 50974—2014）第 5.1.16 条规定："临时高压消防给水系统应采取防止消防水泵低流量空转过热的技术措施。"

 **问题描述：**消防水泵出水管上未设置试水管。

错误做法

正确做法

标准条款

《消防给水及消火栓系统技术规范》(GB 50974—2014)第 5.1.11 条规定："每台消防水泵出水管上应设置 DN65 的试水管，并采取排水措施。"

3.3 电力运行

问题描述：电站正大门未设置挡鼠板。

错误做法

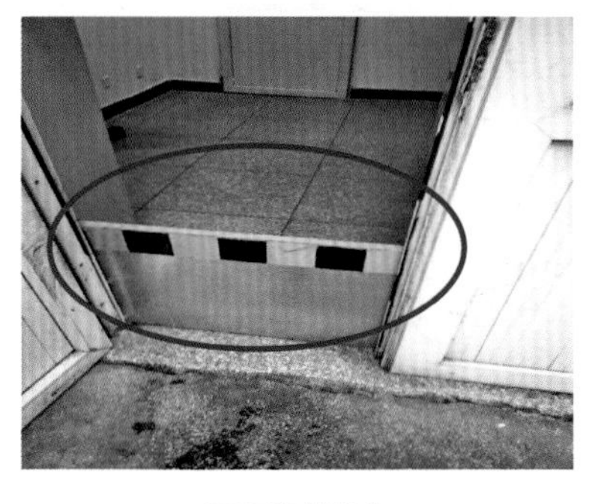

正确做法

标准条款

《民用建筑设计统一标准》(GB 50352—2019) 第 8.3.1 条第 7 款规定：“变压器室、配电室、电容器室等应设置防雨雪和小动物从采光窗、通风窗、门、电缆沟等进入屋内的设施。”

 **问题描述**：低压电缆槽无盖板，电缆受阳光直射。

错误做法

正确做法

标准条款

《低压配电设计规范》（GB 50054—2011）第 5.1.2 条规定：“应避免由于强烈阳光辐射而带来的损害。”

问题描述：配电室内验电笔未粘贴检验标识。

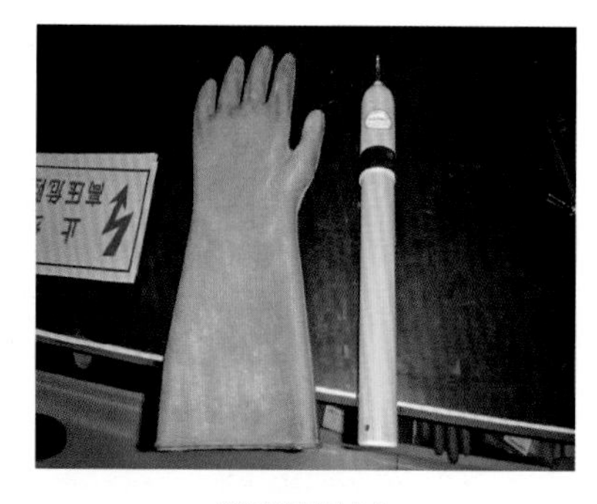

错误做法

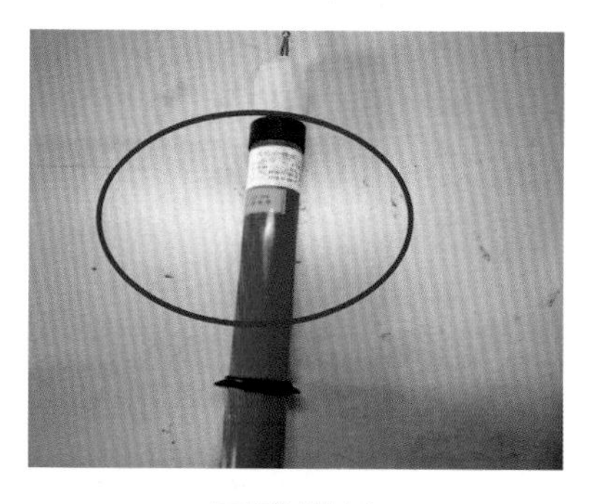

正确做法

标准条款

《油气田变电站（所）安全管理规程》（SY/T 6353—2016）第 4.5.1 条规定：“日常操作及检修作业所用绝缘工具绝缘等级与设备工作电压相匹配，放置合理，按规定进行试验，粘贴试验合格证。”

 **问题描述：**配电室绝缘垫未检验。

错误做法

正确做法

标准条款

《电力安全工作规程　发电厂和变电站电气部分》（GB 26860—2011）附录E规定：“绝缘胶垫每年进行工频耐压试验。”

问题描述：高压验电未戴绝缘手套。

错误做法

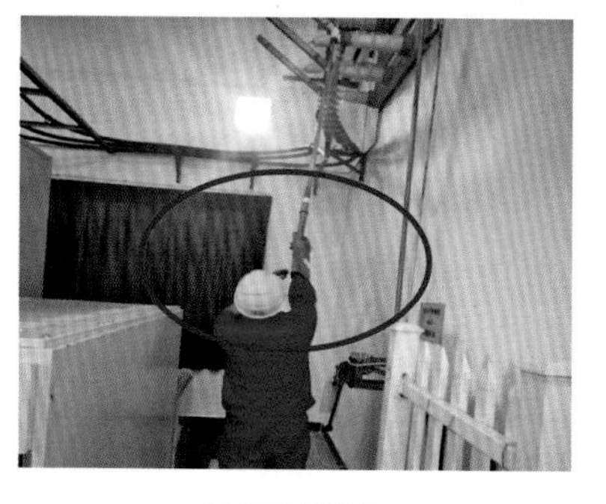

正确做法

标准条款

《电力安全工作规程　发电厂和变电站电气部分》(GB 26860—2011)第 6.3.2 条规定："高压验电应戴绝缘手套。"

问题描述：变压器护栏未悬挂“止步　高压危险”标识牌。

错误做法

正确做法

标准条款

《电力安全工作规程　发电厂和变电站电气部分》(GB 26860—2011）第 6.5.6 条规定：“在室外高压设备上工作，应在工作地点两旁及对面运行设备间隔的遮栏上和禁止通行的过道遮栏上悬挂‘止步，高压危险！’的标识牌。”

 **问题描述**：带压作业未设置专责监护人。

错误做法

正确做法

标准条款

《电力安全工作规程　发电厂和变电所电气部分》（GB 26860—2011）第 9.1.3 条规定：“带电作业应设专责监护人。复杂作业时，应增设监护人。”

问题描述：防爆电气设备的进线口未密封。

错误做法

正确做法

标准条款

《电气装置安装工程　爆炸和火灾危险环境电气装置施工及验收规范》(GB 50257—2014) 第 4.1.4 条规定：“防爆电气设备的进线口与电缆、导线引入连接后，应保持电缆引入装置的完整性和弹性密封圈的密封性，并应将压紧元件用工具拧紧，且进线口应保持密封。多余的进线口其弹性密封圈和金属垫片、封堵件等应齐全，且安装紧固，密封良好。”

3.4 常用工器具

问题描述：存放梯子时未横放。

错误做法

正确做法

标准条款

《便携式梯子使用安全管理规范》（Q/SY 08370—2020）第 5.4.1 条规定："存放梯子时，应将其横放并固定，避免倾倒砸伤人员。"

 **问题描述：**作业人员站在梯子顶部作业。

错误做法

正确做法

标准条款

《梯子 第 3 部分：使用说明书》(GB/T 17889.3—2012) 第 6.4 条规定：“f) 不得站立在无平台和扶手 / 横杆的自立式梯子的最上面两档踏板 / 踏棍上。”

问题描述：砂轮机使用侧面进行磨削作业。

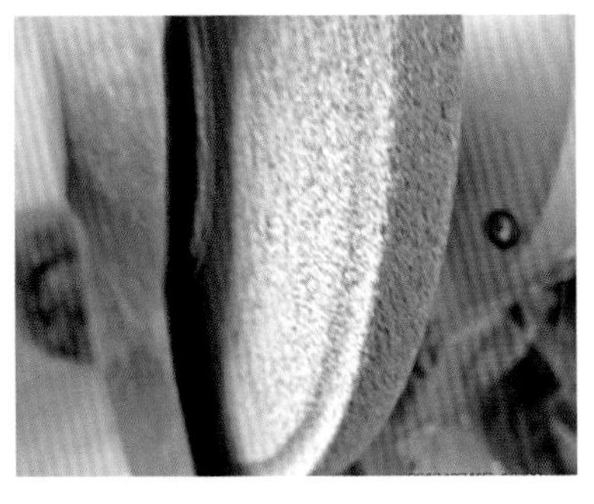

错误做法

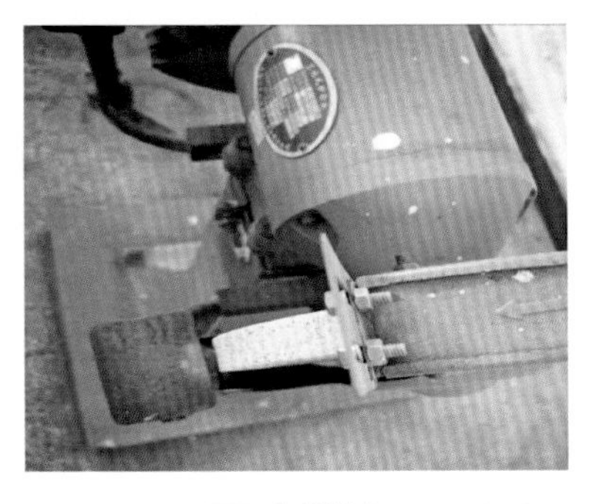

正确做法

标准条款

《磨削机械安全规程》（GB 4674—2009）第4.11条规定：“用圆周表面做工作面的砂轮不宜使用侧面进行磨削，以免砂轮破碎。”

 **问题描述：**砂轮机未配有支承加工件的托架。

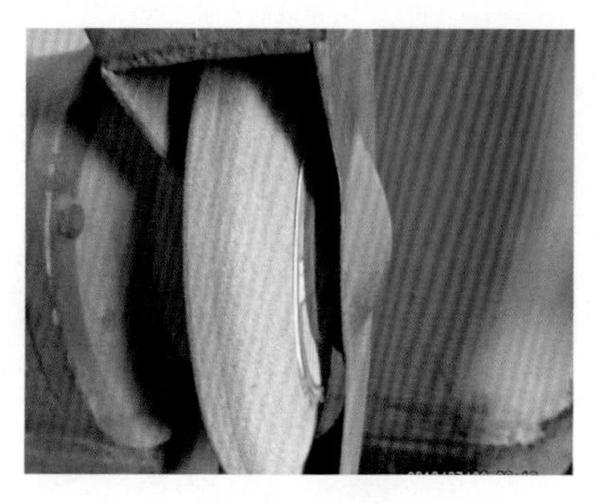

错误做法

正确做法

标准条款

《砂轮机　安全防护技术条件》(JB 8799—1998)第 4.2.2 条规定：“砂轮机应配有支承加工件的托架。托架应坚固和易于调节，当砂轮磨损时，工件托架应能调整，并使工件托架和砂轮圆周表面的最大间隙仍可保持在 2mm 以内。”

 **问题描述**：手拉葫芦未定期检查保养。

错误做法

正确做法

标准条款

《手拉葫芦　安全规则》(JB 9010—1999) 第 5.2.1 条规定：“手拉葫芦应定期检查和保养，检查的时间间隔应按作业的频繁程度和作业的环境来确定，但每年不得少于 1 次。”

3.5 环保管理

问题描述：尾气排放点无标识。

错误做法

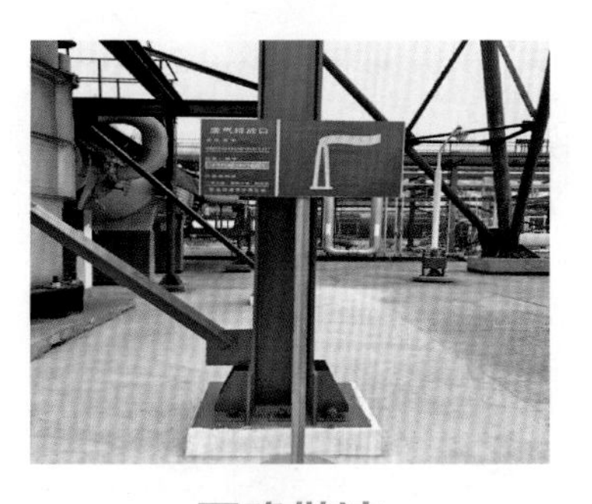

正确做法

标准条款

《西南油气田分公司安全目视化管理规定》(西南司质〔2009〕148 号)第二十九条规定："职业危害(种类、理化性质、浓度或强度、危害性、防护措施等)及风险点源分布图、入场安全须知牌，在生产区域或敏感部位悬挂各类安全警示标志和职业危害警示标志。"

3.6 化学品管理

问题描述：现场使用的工业磷酸三钠无生产日期或有效期。

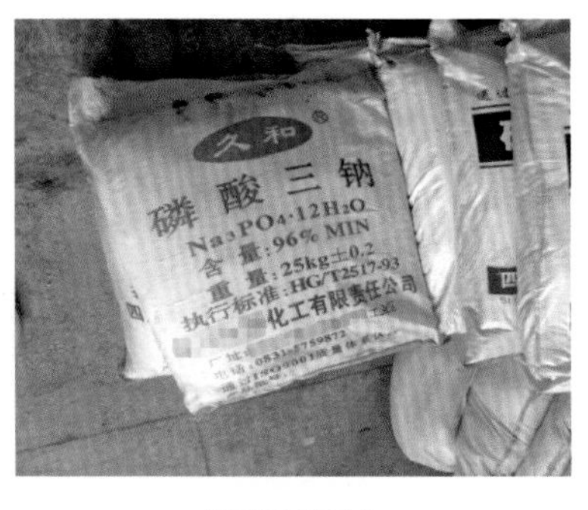

错误做法

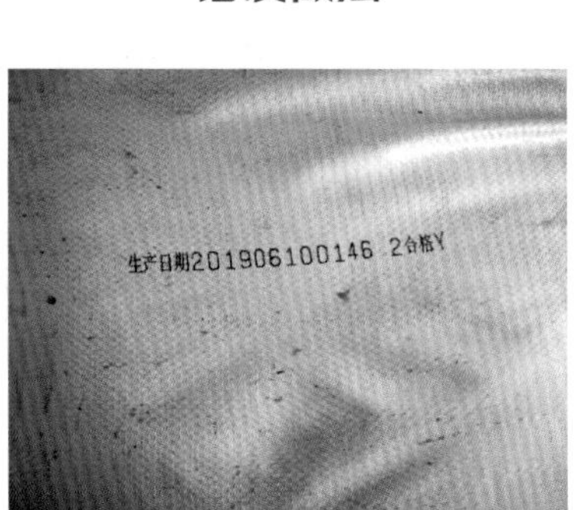

正确做法

标准条款

《物资到货质量检验管理规范》(Q/SY 13474—2018) 第 5.1.2 条规定："对随物资料，如物资的标牌……生产日期、保质期等进行认真查验。"

问题描述：药品库房絮凝剂包装袋破损。

错误做法

正确做法

标准条款

《西南油气田分公司仓储管理实施规定》第 8.3.6 条规定：“库房物资要经常进行维护工作，原有包装损坏的要修复，加固或调换。”

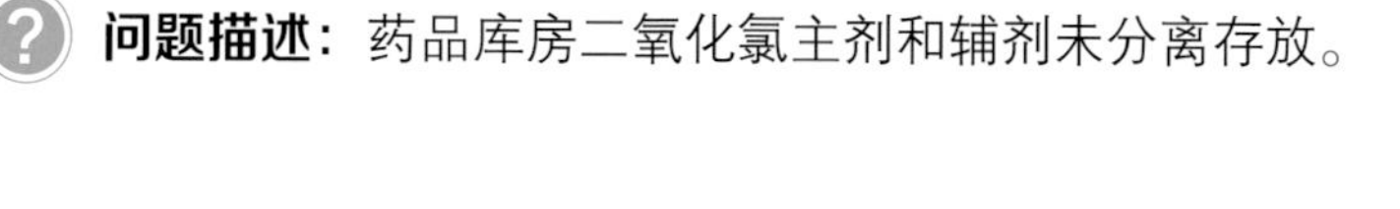

问题描述：药品库房二氧化氯主剂和辅剂未分离存放。

错误做法

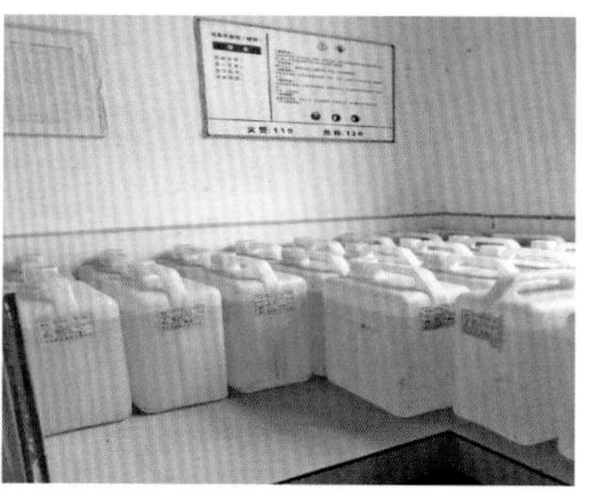

正确做法

标准条款

《西南油气田分公司仓储管理实施规定》第 8.2.1 条规定：“物资的合理存放对物理化学性能不同，互相有影响或互相抵触，绝对不能安排在一起储存。”

 **问题描述**：盐酸储罐顶部塑料法兰密封不严，有盐酸挥发。

错误做法

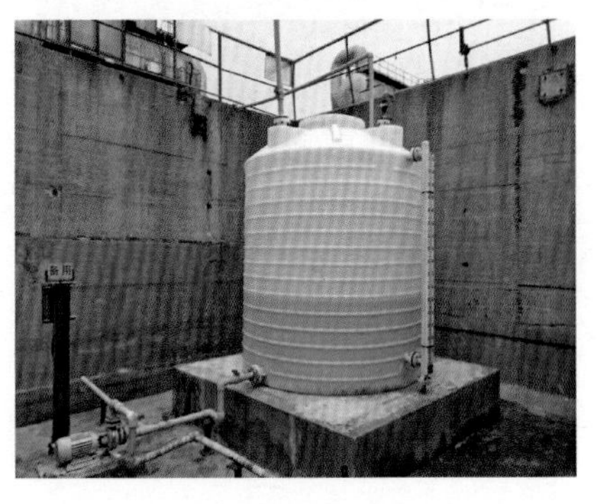

正确做法

标准条款

《盐酸化学品安全技术说明书》安全储存："保持容器密封。"